Les

FLEURS.

LES
FLEURS

parlant

AU CŒUR DU CHRÉTIEN.

LYON.

GIBERTON ET BRUN, LIBRAIRES.

Lyon. — Imp. Nigon, rue Chalamont, 5.

Introduction.

Au milieu de cet ordre admirable de l'univers qui attire les regards, qui excite l'étonnement de la plus froide indifférence, bien des merveilles s'accomplissent et pourtant nous échappent. Au-dessus de nous, autour de nous, sous nos pas, tout prête aux observations de la science, mais surtout aux aspirations du sentiment ; tout nous porte vers le suprème auteur de richesses si grandes, de chefs-d'œuvre si beaux, qu'il faut bien que l'homme reconnaisse sa profonde infériorité là où Dieu a voulu, où il a créé. Nous nous accoutumons à cette position qu'il nous a faite, en nous entourant de tout ce qui peut nous encourager, nous consoler, nous aider à trouver le bonheur dans la traversée de la vie ; et nous ne faisons pas attention à ce qui devrait sans cesse occuper notre esprit, notre cœur. Quand chacun des souffles de notre existence devrait être un soupir d'amour vers Dieu, nous raisonnons, nous voulons tout expliquer, tout comprendre, nous cherchons à tout systématiser ; notre esprit se tourmente, et pour cela, nous sentons moins; nous n'aimons pas le seul être vraiment digne de toutes nos affections.

Voilà bien le monde! voilà bien ces désirs toujours nouveaux qui nous tuent, cette incertitude qui désorganise tout notre être! Tandis que, sans efforts, nos regards, si nous voulions les fixer, tomberaient sur mille sujets à notre portée, intéressants, faciles. Nous serions bien plus heureux que lorsque nous nous attachons à des chimères qui, le plus souvent, multiplient pour nos frères et pour nous les ennuis, les haines, les sécheresses du cœur.

Rien de cela n'est à craindre quand on étudie la nature, non pas dans les secrets impénétrables de la toute-puissance qui l'a créée et qui la conserve ou la régit incessamment, mais dans les gracieuses créations de la munificence du grand maître de l'univers. Que de choses à admirer, par exemple, dans cette innombrable quantité de fleurs qui s'élèvent de tout côté sur cette terre pour l'embellir, pour nous être utiles, pour nous faire adorer la main qui semble avoir pris plaisir à cacher sous ces jolis riens de sa bonté les peines inhérentes à la vie de l'humanité! Une fleur, c'est tout une histoire, c'est tout un livre.

A d'autres les méditations scientifiques et profondes : peu d'esprits

peuvent, doivent peut-être y atteindre. Choisissons nos sujets dans
ce que la Providence a répandu de
plus gracieux autour de nous. Les
fleurs nous présentent tant de merveilles à admirer, tant de motifs
d'élever notre cœur vers celui qui
les créa, que nous n'avons pas besoin
d'autres considérations pour nous le
faire aimer. Lorsque nous nous serons
accoutumés à y voir tout ce qu'elles
renferment de doux enseignement,
chaque fleur sera pour nous un emblème, un symbole, un souvenir
pieux et tendre. Ainsi, chaque pas
sur le chemin de notre vie nous sera
une occasion de penser à Dieu sans
effort, avec amour, de nous entre-

tenir de choses aimables avec nos frères, et de nous diriger doucement, même au travers des orages qui gronderaient autour de nous, vers le port que nous devons tous atteindre.

Sur des côtes escarpées, non loin des bords de la mer, on trouve çà et là, devant quelques cavités qu'on pourrait assez comparer aux trous d'un colombier, des esplanades plus ou moins rétrécies, suivant les courbes des rochers auxquels la nature les a, pour ainsi dire, suspendues. Les habitants de ces tristes demeures, de pauvres pêcheurs, ont eu la patience d'y répandre assez de terre pour pouvoir y cultiver quelques fleurs. La giroflée pousse péniblement au milieu de cette àpre nature qu'elle semble défier en lui montrant ses grappes jaunàtres, que des brises implacables ont bientòt emportées. Du moins, ces malheureux ont vu, ont senti une fleur : c'est pour eux une consolation dont ils ne peuvent assez jouir. Tant l'homme a besoin de la compagnie des végétaux ! Tant il y a de rapports mystérieux et ineffables entre toutes les espèces de créatures ! Tant les fleurs ont un langage qui, s'il se manifeste sans bruit, se fait au moins sentir aux yeux, comprendre au cœur.

Il faut voir, en effet, dans les plantes, des êtres doués d'un prin-

cipe de vie. Ces fleurs qui nous environnent, ce sont des amis qui ne
trompent pas. Nourris sur le même
sol, échauffés du même soleil,
abreuvés des mêmes eaux que nous,
ils nous invitent à reconnaître la
majesté, la bonté de Dieu qu'ils
proclament. Ils semblent faits pour
nous rendre meilleurs. La vue des
fleurs a une influence si prodigieuse;
elle porte si bien à la sensibilité et
à la douceur, comme toutes les merveilles de la nature dont elles sont
l'abrégé, qu'il faudrait, a dit un
auteur tout spirituel, en remplir les
salles où l'on délibère. Les décisions
qu'on y prendrait participeraient à
ce que l'étude des fleurs a de pur,

de doux, d'aimable. Jetées en effet avec profusion sur la terre, comme les étoiles dans le ciel, elles semblent, par la richesse et le brillant de leurs couleurs, l'ensemble harmonieux de leurs parties, la suavité de leurs parfums, inviter l'homme à participer, par l'imitation ou par la jouissance, au vrai beau, au bien véritable, à l'harmonie qui régit chacune des parties de cet univers.

Conçoit-on un coupable, un criminel s'environnant de fleurs pour se souiller d'une action honteuse, pour commettre un crime? Au contraire, on a remarqué, en déplorant les meurtres qui ont ensanglanté quelquefois les campagnes et qui, de temps à autre encore, y attristent l'humanité, que les meurtriers ont semblé fuir les lieux ornés de fleurs, et qu'ils n'ont ordinairement consommé leurs crimes que dans des endroits rocailleux, couverts de broussailles ; les fleurs ne cachent pas la honte. Nous avons vu un jeune homme, long-temps livré à toutes ses passions, fondre en larmes à la vue d'une fleur qu'aimait sa mère, que pourtant il avait abandonnée.

« La fleur, dit Châteaubriand, » est le charme du printemps, la » source des parfums, la grâce des » vierges, l'amour des poètes ; elle » passe vîte comme l'homme, mais

» elle rend doucement ses fruits à
» la terre. Chez les anciens, elle
» couronnait la coupe du banquet
» et les cheveux blancs du sage.
» Les premiers chrétiens en cou-
» vraient les martyrs et l'autel des
» catacombes ; aujourd'hui, en mé-
» moire de ces antiques jours, nous
» la mettons dans nos temples. »

Les fleurs figurent aussi dans les principales actions de notre vie. Elles parent le berceau du nouveau-né et les vêtements de ceux qui sont appelés à le représenter au seuil de sa vie. Elles ornent le front de la jeune épouse ; gracieusement parsemées sur le cercueil de la vierge, ou décorant celui d'une personne chère, elles donnent un charme à la tristesse et endorment la douleur.

Offertes aux auteurs de nos jours, à l'époque de leur fête, les fleurs sont un tribut de tendresse que la reconnaissance a appris à payer. Qui ne sait, qui n'a vu, qui n'a éprouvé ces joies de la famille, aux jours si beaux pour tous les âges, où il faut presque nécessairement des fleurs, sans lesquelles il semble qu'on n'aurait pas assez voulu, assez dit pour la personne dont on célèbre la fête.

C'est que le langage des fleurs exprime, mieux que l'éloquence, mieux que toutes les ressources du savoir, toutes les nuances des sentiments. Nouvelles toujours, toujours anciennes , et devant durer toujours par leur reproduction dont les mystères pleins de charmes ne peuvent assez être étudiés, elles sont comme des expressions du cœur. Et, n'est-ce pas une consolante croyance que celle qui nous ferait voir dans les fleurs autant d'interprètes de ce que le Créateur attend de nous, veut pour nous? Ces milliers de plantes dont nous sommes environnés ne disent-elles donc rien à l'oreille de l'ame , par la variété de leurs couleurs, les différences de leur structure , leurs habitudes, nous pouvons presque dire leurs passions? C'est bien le vocabulaire le plus étendu, le plus complet, dont chaque mot donne ou exprime une idée.

En Orient, aux bords voluptueux de la belle Ionie, dans ce climat enchanté qui vit éclore les vers d'Anacréon, et où maintenant le manteau de la barbarie étouffe tout sous ses plis, le langage des fleurs ne subsiste-t-il pas encore? Il y sert d'interprète aux plus doux sentiments du cœur.

Nous n'avons pas la prétention de dire tout ce que l'on pourrait dire sur les fleurs. Mille observations échappent dans cette matière à l'observateur le plus attentif. Et d'ailleurs, ce n'est point à l'esprit que nous voulons parler. Nous nous sommes promis de nous garder même de ces définitions de la science trop peu sûre, qui ne font rien au bonheur de l'humanité, de ces classifications qui n'ont pas encore satisfait toutes les opinions. C'est au cœur que nous adressons les observations du nôtre. Nous voulons que nos lecteurs sentent ce que nous avons senti, éprouvent ce que nous avons éprouvé en étudiant les merveilles que nous avions à leur raconter. Point de plan arrêté ici. Une merveille à côté d'une autre merveille ; une observation à côté d'autres observations ; de la même manière que, dans une vaste campagne, la fleur la plus modeste se trouve à côté du plus précieux arbuste. Sur un terrain fertile , mille plantes se réunissent : on dirait qu'elles n'osent se présenter isolément sur la terre ; tandis que leurs touffes grouppées ensemble forment une espèce de tapis végétal et bien doux dont leurs fleurettes délicates coupent et récréent l'uniformité.

Il y a dans l'étude des fleurs, dans les observations à faire sur les plantes , une foule de merveilleux enseignements que l'esprit doit aimer et que le cœur est appelé à comprendre. La Providence a établi des rapports admirables entre elles ; leur parfum, leur disposition , leur vie , leurs voyages , recèlent des mystères pleins de grâce qu'il est bien permis d'aborder, que nous devons scruter même pour rendre hommage à celui qui les créa comme nous ; mais l'on dédaigne ces moyens de s'instruire, de charmer la vie qui retirerait souvent, pour sa conduite, d'utiles leçons de cette étude. Notre intention est de la faire aimer, en indiquant quelques aperçus de son utilité, en esquissant, comme à vol d'oiseau, quelques traits qui fassent désirer d'en connaître davantage.

Plusieurs auteurs ont essayé d'établir les bases d'une langue universelle : si nous la trouvions dans l'étude des fleurs ! Tous les esprits ne la saisiront pas, mais tous les bons cœurs la comprendraient, et, dans tous les pays du monde , au lever du soleil , au moment où la plupart des fleurs s'épanouissent en se tournant vers lui , et secouent la torpeur de leur sommeil , il s'élèverait un concert harmonieux de louange et d'amour vers le souverain maître de toute la nature. Pensez-vous que de ce doux accord, il ne naîtrait pas des jouissances , du bien-être pour nous et pour nos frères? Nous nous aimerions tous, pour que rien ne discordât dans ce merveilleux concert.

Il est facile de trouver dans toutes les fleurs des symboles, des rapports emblématiques qui feraient une lettre d'un bouquet, un discours de quelques fleurs. Nous voulons en présenter un certain nombre avec les applications qu'on peut en faire. C'est le but de notre œuvre : d'autres plus habiles et plus heureux que nous la continueront peut-être.

On n'a pas, à notre avis, assez étudié les propriétés des fleurs. Croyons que ce n'est pas seulement pour récréer notre vue que le ciel en a semé notre route. Dans les premiers âges du monde, c'était sur la floraison des plantes que les laboureurs réglaient leurs travaux. Ils supposaient que les phases dont ils étaient témoins dans l'existence des végétaux qui croissaient et mouraient si près d'eux, n'étaient que

des avertissements de la Divinité :
ils ne craignaient point, dit ingé-
nieusemeut un auteur, que l'astro-
nome qui leur venait du ciel se
trompàt. Les plantes sont peut-être
aussi nos meilleurs médecins, toujours à notre portée, concourant
à la guérison par les agréments
qu'elles présentent et les délicieuses
distractions qu'elles donnent, autant que par les propriétés spéciales
qu'elles peuvent avoir. Le hasard,
les observations en ont fait découvrir plusieurs; les observations, le
hasard en feront découvrir encore.
On sait qu'un moine arabe ayant
entendu faire par un berger le récit
des effets que les baies du casier

avaient produits sur des chèvres, eut l'idée de faire usage du café, pour se délivrer de l'assoupissement, ou pour tirer ses religieux du sommeil qui les empêchait de vaquer à leurs offices de la nuit.

On serait tenté de reprocher à la science les noms scientifiques qu'elle a donnés aux fleurs, si l'on ne sentait pas que, pour les classer, il a fallu des points de départ, un lien commun, qui ne pouvaient être laissés au gré de la différence des goûts, des positions. Cela n'empêche point de rappeler avec un religieux plaisir certains noms que la reconnaissance, que l'admiration, que la bonne foi du peuple ont donnés à des plantes. Ce serait une heureuse idée de les associer toutes au souvenir des hommes vertueux. Elles jetteraient au milieu des forèts et des champs de nouveaux germes de vie et de moralité, et le parfum des fleurs s'unirait à jamais à celui de leur renommée. Un arbre utile et bienfaisant s'appellerait Fénélon ; les plantes nuisibles serviraient à rappeler les noms des fléaux du genre humain. Ainsi s'animerait encore la nature pour proclamer, parmi les enfants des hommes, la laideur du vice et les beautés de la vertu. Ainsi, l'étude des fleurs deviendrait comme un cours de morale, dont les insinuations seraient d'autant plus efficaces et puissantes, qu'elles seraient accompagnées de tout ce que les grâces de la nature ont de plus séduisant.

Voyez comme une femme spirituelle, dont nous empruntons les expressions et les idées, tire parti du nom d'une plante. « Vous me » demandez, dit-elle, pourquoi le » sens littéral du nom d'*Agrimonie* » est la religieuse des champs. Vous » soupçonnez que ce nom vient de » la ressemblance de ses calices » dépouillés de fleurs avec les petites » clochettes des hermites. Je crois » qu'il y a beaucoup de caprice et de » hasard dans les noms des plantes. » Votre observation, dans le cas dont

» il s'agit , pourrait toutefois être
» juste ; mais comme l'agrimonie est
» salutaire et bienfaisante, j'ai pensé
» que la reconnaissance lui avait fait
» donner ce nom en l'honneur de
» quelque bonne, douce et complai-
» sante hospitalière. Un malade
» sauvé par les soins de l'une d'elles
» songea , sans doute , à sa char-
» mante bienfaitrice cachée, comme
» une plante , à l'ombre des buis-
» sons dans la solitude des campa-
» gnes. Elle était belle , dévote , cha-
» ritable , naïve ; nommer une simple
» utile du nom même qu'elle s'était
» choisi , c'était laisser à celle qu'il
» révérait un monument indestruc-
» tible, sans trahir le secret de son

» cœur. Véritablement, le siècle où
» cette plante jolie aura reçu le nom
» de religieuse des champs s'est tout-
» à-coup levé devant moi. Je me suis
» représenté la difficulté des com-
» munications, celle des chemins,
» la masse immense des forèts, la
» rareté, l'éloignement des habita-
» tions, l'absence de ces arts, de ces
» agréables inventions qui ajoutent
» au charme de la vie. J'ai cru voir,
» sous les murs d'une chapelle go-
» thique, la jeune hospitalière avec
» sa robe de bure et sa guimpe
» plissée. Je l'ai vue tremblante au
» moindre bruit, car l'entière sécu-
» rité n'est pas le partage d'un lieu
» trop agreste et trop sauvage ; je

» l'ai vue se hasarder vers les touffes
» fleuries qui récèlent la santé du
» malade, et qui offrent des gages à
» l'innocente tendresse. Mon cœur
» la comparait au lys de la vallée.
» Celui qui la voyait ainsi, celui qui
» avait pris auprès d'elle l'idée et le
» besoin des bienfaits, certes, ce
» n'était que dans les champs qu'il
» pouvait charger un objet, et de
» son nom et de son idée. »

En voilà beaucoup pour une cita-
tion; mais il est si agréable de
voir l'esprit se jouer avec le sentiment, qu'il faut bien la pardonner.
D'ailleurs, elle nous ramène si na-
turellement à notre sujet, les noms
des fleurs!

Pourquoi ne les a-t-on pas toujours cherchés dans notre langue nationale, qui devrait être riche et féconde comme l'esprit de notre nationalité? Nous aimerions y trouver les ressources que le grec a fournies pour désigner, par exemple, dans le nom d'*Euphraise*, fleur mignonne dont le suc est, dit-on, salutaire pour les yeux, la joie que donne sa bienfaisante propriété. On se plaît à prononcer le nom de *Bon-Henri* pour nommer une plante à laquelle les savants ont appliqué le mot de *Chenopodium*, qui jamais ne sera rien pour la plupart des hommes, tandis que le pauvre, qui fait sa nourriture des feuilles et des tiges du *Bon-Henri*, aime donner un nom français à une plante bienfaisante. Elle croît dans les pierres, le long des murs, dans les buissons, toujours à portée de la pauvre main qui la cherche. Son aspect n'a rien de brillant : le *Bon-Henri* est comme la charité modeste, qu'embellit le simple voile sous lequel elle s'approche de l'infortuné.

Linné nomma une fleur indigène du Japon, de la Chine, des Indes, *Camélia*, du nom du père Camelli, jésuite, qui, en 1730, l'importa en Europe. Disons, en passant, que, seule pendant 47 ans, cette fleur a maintenant plus de 700 variétés.

Qu'au moins les noms donnés aux

fleurs, aux plantes, s'ils n'aident à bénir la bienfaisance, à faire aimer une vertu, à perpétuer le souvenir d'un homme célèbre ou d'un grand évènement ; qu'au moins ils aident à se rappeler quelque chose de l'existence de la plante. Que ce soit, par exemple, la *Rossolis*, fleur des montagnes du Languedoc, qui, pendant les plus grandes ardeurs du soleil, est toujours couverte de rosée.

Nous avons peine à ne pouvoir désigner ici, d'un autre nom que celui de *Bandure*, qui ne dit rien à l'admiration, une fleur admirable qui mériterait, plus que toute autre, d'être nommée de manière à exciter dans les cœurs de douces émo-

tions, que ne provoquera jamais ce mot, tiré de nous ne savons quelle langue. Cette fleur croît dans les déserts de l'Arabie ; sa manière d'exister est un prodige véritable et constant. Ses feuilles soutiennent un cornet continuellement rempli d'une eau pure et très fraîche, dont les voyageurs s'abreuvent avec avidité. « Comment ne pas bénir, dit à
» ce sujet M. de Châteaubriand, la
» Providence qui, sur la tige faible
» d'une plante, a placé une source
» limpide au milieu des sables brû-
» lants, comme elle a mis l'espé-
» rance au fond des cœurs ulcérés
» par le chagrin, comme elle a fait
» jaillir la vertu du sein des misères
» de la vie. »

La plante nommée *Bouillon-Blanc*, qui étend autour d'elle ses larges feuilles drapées, pousse de son centre une longue quenouille de fleurs jaunes aussi douces à la poitrine qu'au toucher. Bernardin de Saint-Pierre fait observer qu'elle fleurit dans le moment où les rhumes plus fréquents multiplient les occasions où ses propriétés médicinales peuvent être plus utiles.

Remarquons ici avec quelle facilité l'on passe d'une fleur à une réflexion : il semble qu'elles ont entre elles une connexion nécessaire. Quel mal ferons-nous à la science, quel bien, au contraire, ne nous ferons-nous pas au cœur, en regar-

dant les fleurs, nommées si juste-
ment les astres terrestres, comme
des occasions semées sous nos pas
par la Providence, pour nous instruire, pour nous intéresser à ce
qui est bien, à ce qui est beau ?
Il serait long de raconter avec quelle
tendre attention elle a multiplié dans
la nature les moyens de nous être
utiles. Dans chaque pays nous trou-
verions à des plantes, à des fleurs
qu'il produit, des vertus particu-
lières. Par leur conformation, par
leur attitude, elles semblent par-
tager leurs hommages et leur existence entre le Créateur, vers lequel
leur tête s'élève, et les créatures,
dont leurs rameaux, dont leurs
feuilles attirent les regards.

Elles n'auraient d'autre utilité, d'autres vertus que celles de nous plaire, que nous devrions les bénir et remercier le souverain maître de toutes choses qui a mis une telle harmonie dans toutes les parties de la création, que même ce qui paraît à notre ignorance discordant ou inutile, concourt pourtant à la perfection générale. Le sol, desséché pendant plusieurs mois d'un soleil ardent continu, fait-il craindre une stérilité? voilà que cette terre désolée se couvre, à la Jamaïque, d'une espèce d'arbre dont les feuilles se multiplient sous les feux du ciel, et forment dans les airs comme une espèce de prairie qui fait tomber la fraîcheur que l'on ne trouvait plus sur la terre. Durant la tourmente périodique de nos mers, vers l'équinoxe d'automne, les tempêtes effraient les matelots, poussent dans tous les sens les flots impétueux ; ils arrachent par leur résistance, qui vient expirer devant la limite invisible mais insurmontable que la main toute-puissante de Dieu leur a tracée, ils arrachent, du fond des abîmes, un grand nombre de plantes qui y étaient cachées ; et ces végétaux, en devenant, comme le rameau consolateur pour Noé, un signe d'espérance pour les hommes effrayés de la tempête, débarrassent les mers dont ils corrompraient peut-être les eaux, et d'ailleurs font connaître à la terre qu'elle ne saura jamais assez les ressources de la Providence, et ne l'aimera jamais comme elle doit l'aimer.

Il y a des relations singulières entre les hommes et les fleurs. Il est très curieux de les suivre, de les rapprocher. C'est là que l'on trouve des symboles, des emblèmes qui surprennent et donnent à l'âme une satisfaction indicible. Les voir naître, croître, exister de la même manière ; analyser dans leurs habitudes les mêmes sentiments, les mêmes passions ! qu'on nous pardonne ces idées. Elles ont quelquefois répandu tant de charme sur les moments de notre vie, que nous demandons qu'il nous soit pardonné de les retracer à nos frères.

On a dit les plus jolies choses sur la reproduction des plantes si bien servie par la nature. Est-il rien de plus gracieux que la description, faite par Mme de Chatenay de la naissance de la fleur *Polygala* (disons plutôt *herbe à lait*, pour mieux nous faire comprendre). « Le bou- » ton de cette fleur est un calice » supporté par un pédoncule d'une » extrême finesse et de couleur bleu » foncé. C'est un manteau en cinq » parties inégales, qui enveloppe

» tout-à-fait le petit *Polygala*, qui
» abrite du moins toute sa partie
» supérieure. Celle du milieu est
» excessivement étroite et courte;
» elle s'appuie sur le dos de la
» petite fleur jusqu'au tiers envi-
» ron, sans doute pour mieux cou-
» vrir la place du germe. Les deux
» autres sont deux petites pièces
» rondes, qui s'abaissent quelque-
» fois sur la petite fleur, et sont,
» en proportion, fort grandes. Sur
» le devant, c'est-à-dire à la partie
» inférieure, se trouvent comme
» deux petites écailles longues et
» fines qui ressemblent aux barres
» du berceau d'un enfant. On ne
» peut comparer qu'aux soins gra-

» cieux d'une jeune mère la douce
» complaisance de la nature dans
» les soins qu'elle prodigue à son
» petit *Polygala*. En formant ce ber-
» ceau, en entourant la semence
» de précautions si attentives, elle
» a laissé au zéphyr le soin de le
» balancer avec douceur. Elle a
» placé ce nid charmant à l'abri
» des épaisses forêts : l'herbe même
» lui sert de rempart, et si l'oura-
» gan souffle, l'humble *Polygala*,
» couché à terre, cale ses petites
» voiles bleues et ne les tend qu'a-
» près l'orage. »

Tels sont les soins dont l'enfance
des hommes doit être entourée :
chacun des caractères de la sollici-

tude qui environne l'espérance de
la fleur qui vient d'être décrite
peut et doit s'appliquer à ce respect religieux que l'on doit à l'espoir des générations.

La jeune fleur s'épanouit par
degrés ; si aucun obstacle extérieur
ne s'y oppose, elle étale peu à peu
toutes les ressources de beauté, de
fraîcheur qui lui ont été départies
par une toute-puissance à qui rien
n'a échappé. Mais il lui faut une
douce chaleur, un air tempéré pour
qu'elle puisse vivre sa vie. L'enfance porte en elle le germe des
pensées et des sentiments, elle-
même les ignore. Il lui faut de la
confiance pour se développer, et

que les soins qu'on lui donne soient
raisonnés, constants; que les exem-
ples dont elle est témoin soient em-
preints d'une égalité parfaite dans
les paroles, dans l'expression des
sentiments. C'est une maladroite
culture que celle qui a pour résul-
tat de faire ressembler une fleur à
une autre fleur. La marguerite cultivée est plus jolie que celle des
champs; mais la culture lui a ôté
son principal caractère, qu'on pourrait appeler l'innocence. Les fleurs
qu'on appelle doubles ne grainent
point, ou leurs graines ne produisent que des fleurs simples. Rien de
moins convenable aux enfants que
la parure : leurs grâces naïves dis-

paraissent sous les entraves du mauvais goût.

L'air, la lumière, la chaleur sont si nécessaires aux plantes, qu'elles s'étiolent là où elles ne peuvent en recevoir les bénignes influences. Abritées du contact de l'air, leurs graines conservent pendant des siècles leur vertu germinatrice. Ainsi quelquefois, en remuant des ruines, on a vu éclore des plantes inconnues, qu'un grand bouleversement avait transportées loin du pays natal, et que l'action de l'air ressuscitait à la vie. Qu'une main maladroite sème dans un lieu obscur et humide des graines dont la fleur était appelée à voir, à sentir le soleil, la plante se tourmentera, vaincra tous les obstacles avec une force qui étonne, jusqu'à ce qu'elle arrive à remplir sa destinée. Et puis, ses couleurs, son parfum y sont intéressés.

Les fleurs qui s'ouvrent dans des saisons et des lieux chauds, comme le *Chardon*, le *Coquelicot*, le *Bluet*, sont nuancés de couleurs vives, tandis que sous un ciel tempéré, dans le printemps et dans l'automne, les fleurs à nuances délicates sont les plus ordinaires. Les plantes sont jalonnées sur la terre, suivant une échelle toujours en harmonie avec la beauté du climat, la transparence des cieux. Aux tropiques, les couleurs éblouissantes, les parfums énivrants; aux climats glacés, au contraire, l'éclat pâle et sombre des végétaux inodores.

C'est au lever, au coucher du soleil, au moment enfin où les particules humides de l'air retombent, qu'on respire mieux avec elles l'odeur dont les fleurs sont imprégnées. Les plantes septentrionales n'ont pas à beaucoup près le même parfum que celles des pays chauds. Une rose qu'on plonge dans l'eau glacée y perd toute son odeur, elle la perd d'heure en heure dans un appartement sans clarté. Or, le parfum, c'est le moral des fleurs. De tout cela dérivent mille obser-

vations hygiéniques faciles à appliquer à l'éducation de l'enfance, à
la conduite ordinaire de la vie. Au
point de vue moral, l'homme parfume du bon exemple tout ce qui
l'entoure, peut beaucoup pour le
bonheur de ses semblables, et doit
s'appliquer à s'en faire des amis.

Des liens d'amitié semblent unir
aussi les plantes. La substance de
quelques-unes prépare à d'autres
qui leur succèdent et l'existence et
les moyens de la conserver. Le *Lichen*
dispose le berceau des mousses ;
celles-ci, le lit de quelques capil-
laires et de quelques plantes tapis-
sières et robustes. Plusieurs lichens
percent la surface des rochers et y

creusent des fossettes qui se remplissent des débris de leur substance, et, retenant les eaux des pluies, deviennent propres à nourrir de petites plantes. Quoique d'espèces différentes, on en voit naître au même instant dans les mêmes lieux ; le même œil qui admire le *Lichen* des champs à la fleur blanche ou rouge, voit près de lui le *Behen-Blanc* ou *toquet*, qui doit sa dénomination au jeu des enfants serrant son calice comme une petite vessie et le faisant éclater ou *toquer* sur leur front.

Cette sympathie entre les fleurs n'est-elle pas une loi de la nature, quand on la retrouve dans ses plus jolies œuvres, dans les fleurs, expression de la plus pure innocence qui ne trompe jamais.

Encore des leçons pour nous, qui devrions vivre pour être utiles à ceux qui ont besoin de nos leçons, qui ne nous coûteraient souvent qu'un bon conseil, qu'une douce parole !

Esquissons quelques autres traits de la ressemblance des rapports des familles végétales avec nous. Leur vie est bien comme notre vie. On a calculé que, proportion gardée des masses, la transpiration des plantes est dix-sept fois plus considérable que celle de l'homme. La suppression de cette transpiration

par l'excès de la poussière ou une
autre cause leur occasionne des
maladies; l'ardeur excessive du soleil peut opérer chez elles une des-
sication subite, si la terre, elle-
même trop desséchée, ne peut
fournir à la plante assez d'humidité pour réagir. C'est là ce qui
arrive, quand l'action du soleil,
après la gelée, n'attend pas la dis-
parition du froid. Les plantes dormeuses pendant le jour ne transpi-
rent que la nuit.

Les plantes dormeuses..... Si
l'on se promène dans un jardin
après le coucher du soleil, on sera
étonné de voir les plantes présenter un aspect tout différent de celui

qu'elles avaient pendant le jour. Dans les unes, les feuilles se redressent et recouvrent les tiges ; dans d'autres, elles s'abaissent et se joignent par leur surface inférieure ; chez quelques-unes, les feuilles se rapprochent en s'élevant et forment comme un bateau. Il est impossible de ne pas remarquer ces attitudes de repos et d'abandon. On dirait que ces êtres gracieux se sont lassés à regarder le soleil, à récréer la terre ; ils oublient tout alors, se livrant à nos soins et à la nature.

Le sommeil des plantes, à des heures différentes, est pour la femme auteur, que nous avons déjà

citée, l'occasion de décrire avec les couleurs les plus enchanteresses et le langage du sentiment le plus exquis la *Belle de nuit* et la *Belle de jour*. « J'ai, dit-elle, à décrire
» deux riants objets qui me parais-
» sent l'emblème des deux mon-
» des. L'une, le *Lizeron* de Por-
» tugal, ou *Belle de jour*, s'ouvre
» aussitôt qu'un rayon de soleil la
» frappe, l'autre se ferme dès qu'elle
» en a senti l'influence; celle-ci, le
» *Jalap* du Pérou ou *Belle de nuit*,
» se développe doucement à mesure
» que baisse le crépuscule, et exhale
» un doux parfum, tandis que
» l'autre se replie chaque soir.
» Peut-être ma belle Péruvienne

» redoute-t-elle encore la vue seule
» d'un Européen. Elle se dérobe
» autant qu'il est en elle à l'aspect
» matinal de la fleur portugaise.
» Les belles endormies annoncent
» toutes deux dans leur sommeil le
» développement parfait de la jeu-
» nesse; les folioles qui les forment
» se resserrent comme au hasard,
» et l'état chiffonné dans lequel
» elles paraissent être, annonce trop
» de désordre pour pouvoir être
» permanent. Il est minuit, je
» rentre chez moi et j'ose un mo-
» ment contempler, à une clarté
» qui n'est point celle du jour,
» la belle étrangère qui veille dans
» ma chambre. J'avais observé tout

» le soir le développement successif
» de la gaze délicate dont elle est
» composée ; son calice est main-
» tenant ouvert. J'observe, je con-
» temple, je respire un parfum très
» doux. Il me semble recevoir une
» confidence intime de la créature
» tout aimable qui se communique
» mystérieusement à moi. Cette
» nocturne entrevue a quelque
» chose de romanesque. »

Le mot d'étrangère, que vient
de prononcer le spirituel auteur que
nous avons plaisir à citer, pourrait-
il donc s'appliquer aux fleurs? Nouveaux rapports entre les plantes et
nous ! La Providence a voulu que,
multipliées sur tous les points de

notre globe, les fleurs servissent à entretenir cette belle et grande unité de sentiment, d'amour, cette confraternité qui devrait lier ensemble toutes les créatures. Messagers de la nature, ces petits êtres gracieux vont porter au loin quelquefois leurs semences voyageuses, faisant ainsi communiquer plusieurs points de la terre, qu'elles visitent et colonisent. Le Créateur a tant fait pour les hommes, qu'il a voulu peut-être par là réserver à quelque pauvre exilé des consolations qui servissent à ranimer son courage, en retrouvant sur une terre étrangère les fleurs de son pays. Ne faut-il pas citer ici avec quel bonheur un insulaire d'O-Taïti retrouva, en visitant le jardin des plantes de Paris, un arbre qui lui rappelait sa patrie ; avec quel attendrissement il l'entoura de ses bras, le couvrant de baisers et de larmes.

Toutes les espèces de plantes ne peuvent pas s'arrêter au même endroit : il faut qu'elles y trouvent des rapports, un gite convenable, peut-être un langage commun. Combien, comme parmi ceux de nous qu'une imagination aventureuse a fait courir sur des terres lointaines, combien souffrent, ou payent de leur vie leur pérégrination ! Les unes s'élancent dans les airs à l'aide d'une aigrette de plumes qui leur sert d'aérostat, comme la *Dent de lion ;* d'autres

enlevées en graines par les oiseaux,
comme de jeunes princesses par des
fées, dirait un langage poétiquement
allégorique, se trouvent sur un
tertre, élevées parmi les bergers.
Quelques graines renfermées dans
des coques qui peuvent flotter sur
l'eau, sont portées par les rivières
ou par les vagues de la mer dans des
contrées éloignées. On en voit de
terminées par plusieurs longs fils.
Lorsqu'elles sont emportées par le
vent, ces fils s'attachent aux branches des arbres et les entourent jusqu'à ce que la graine ait pris racine.
Les plantes plus communes avancent
peu a peu ou du moins agrandissent
leurs colonies d'abord trop faibles,

en se multipliant sur elles-mêmes,
en semant à leurs pieds, ou parfois
en poussant leurs graines à quelque
distance de leur centre par leur élasticité. Ainsi la *Balsamine* dont les
enfants se plaisent à faire éclater, en
les pressant un peu, les gousses parvenues à leur maturité. Un amuse-
ment remplit de cette manière le
vœu de la nature ou en presse l'exé-
cution. Pendant les chaleurs du jour
les graines de l'*Euphorbe* s'échappent
avec bruit de la plante qui les rete-
nait et qui les a nourries ; le mouvement qu'elles reçoivent les emporte
très loin. C'est le moment d'humeur
que la jeunesse ne sait pas maîtriser
et qui, faisant le chagrin des mères,

expose les enfants à bien des peines.

A ces voyageuses au moins ne manque jamais le souvenir du sol natal, un certain amour de la patrie. Beaucoup de nos plantes d'Europe végètent fort bien aux îles Antilles et n'y donnent jamais de graines. On dirait qu'exilées, elles veulent éviter à une postérité les douleurs de l'exil. Les plantes vivaces et annuelles dont l'Amérique septentrionale a émaillé nos jardins, fidèles aux habitudes de leur pays qui se traduisent chez elles par la différence du climat, ne fleurissent que dans notre automne. En général, les plantes des climats les plus froids et celles des hautes montagnes fleurissent au printemps de la France ; celles des tropiques dans les chaleurs de notre été; celles du cap de Bonne-Espérance durant notre hiver qui répond à l'été de leur pays.

Un élève de Linné a observé que les pommiers portés dans la nouvelle Angleterre, fleurirent pendant plusieurs années trop tôt pour ce climat, et par cette raison ne donnèrent pas de fruit ; mais ils finirent par changer leur habitude et s'accommoder à leur nouvelle situation.

Comme nous donc encore, les plantes ont leurs habitudes, leurs passions, leur irritabilité. Qui ne connaît l'exquise sensibilité des branches et du feuillage de la *Sensitive*, ou *Acacia pudique* que l'on cultive dans nos serres, moins pour la beauté de ses fleurs azurées, que pour son irritabilité mystérieuse qui fait plaisir à voir?

> Une plante, ô prodige ! à l'éclat de ses charmes,
> Unit de la pudeur les timides alarmes.
> Si d'un doigt indiscret vous osez la toucher,
> Tout s'agite ; la feuille est prompte à se cacher,
> Et sa branche mobile, aux mêmes lois fidèle,
> S'incline vers sa tige et se range auprès d'elle.

Faisons un rapprochement tout moral. Ces emblèmes que nous prétendons trouver chez tous les êtres du règne végétal, leurs rapports avec nous, le rôle que nous croyons qu'ils sont appelés à jouer près de nous pour nous faire sans cesse souvenir que Dieu les a créés pour notre plaisir, pour notre utilité, sont-ils ici difficiles à remarquer ? La sensitive, c'est l'innocence qui doit éviter jusqu'au moindre contact, jusqu'au moindre souffle du vice.

Comment expliquer cette irritabilité des plantes autrement qu'en leur reconnaissant une intention, une volonté, en un mot tout ce qui constitue la vie ? Voyez la *Dionée* :

> Sa feuille en embuscade, au milieu des marais
> Cache sous un miel pur la pointe de ses traits ;
> D'un perfide ressort elle est encore armée :
> Le piége, au moindre tact de la mouche affamée,
> Se ferme ; plus d'issue, et l'insecte imprudent
> Percé des deux côtés, expire en bourdonnant.

L'*Arum*, surnommé *Gobe-Mouches*,

a une odeur qui les attire. Sa fleur
est un cornet garni de poils qui
n'empêchent point les mouches de s'y
introduire, mais qui les empêchent
d'en sortir. C'est le plaisir qui attire,
mais qui tue.

Sur les bords du Gange, on
trouve une plante que les indigènes
appellent du nom de *Chundali*, et
que nous avons nommée *Sainfoin
oscillant*. Ses feuilles sont composées
de trois parties comme celles du
trèfle. La partie inférieure est im-
mobile ; les deux autres, beaucoup
plus petites, sont, pendant le jour,
dans une agitation presque continuelle. Elles s'élèvent et s'abaissent
successivement, par un mouvement

rapide, en décrivant un arc de cercle ; tantôt elles se meuvent dans le même sens ; tantôt l'une monte, tandis que l'autre descend. Jamais ce mouvement n'est plus vif que dans le temps de la fécondation. Il cesse la nuit et les trois parties des feuilles sont abaissées lorsque la plante dort ; il se ralentit lorsque la plante est malade, et lorsqu'elle est fatiguée par le vent ou par une trop forte chaleur.

C'est bien là, nous ne pouvons nous y tromper, du mouvement, de l'action, de la vie. Et voyez comme chaque plante a des sensations différentes, semble vouloir séparément des autres. Elles se couchent ou se lèvent, pour ainsi dire, à des heures qu'elles semblent avoir réglées entre elles, comme pour indiquer successivement aux hommes, à l'utilité et à l'agrément desquels la main du créateur les a destinées, la marche du temps qui pèse sur elles comme sur nous. Linné devina aux fleurs cette admirable secret, lorsque ses observations le portèrent à former une horloge de Flore, où il trouvait, comme sur un cadran, les heures du jour : il enchaînait ainsi les heures dans un cercle de fleurs. Que de vrais enseignements, que d'utiles réflexions, que de rapports frappants l'on trouverait dans cette horloge naturelle !

Les fleurs peuvent servir de thermomètre , indiquer l'élévation des montagnes et la température des pays où elles croissent. La *Gentiane* des neiges ne vient ordinairement qu'à une élévation de 1,949 mètres environ , et jamais au-dessous; d'autres destinées à croître sur le sommet des Alpes, la *Renoncule glaciale*, la *Benoite rampante*, ne se rencontrent qu'à une élévation de 2,339 à 2,728 mètres.

Quelques fleurs peuvent aussi servir de baromètre par la propriété qu'elles ont de se contracter ou de se fermer aux approches de l'orage. Le *Souci* d'Afrique s'ouvre constamment à sept heures du matin et reste ouvert jusqu'à quatre heures du soir si le temps doit être sec ; mais s'il doit pleuvoir dans la journée, il ne s'ouvre point ou il se ferme avant son heure ordinaire.

L'*Anémone* ne s'épanouit que lorsque le vent souffle. Le *Laiteron* de Sibérie garde sa fleur ouverte toute la nuit la veille des jours de pluie, comme s'il voulait se dédommager d'avance du mauvais temps qui l'obligera de la tenir close pendant la journée, et écouler le cours entier de sa vie. Car l'existence se presse aussi pour les fleurs ; elles sont aussi sujettes aux changements des âges qui se font sentir à elles, comme chez nous les phases de la vie.

Les fleurs de l'*Hibisque* de la Chine ne durent qu'un jour : au moment de leur épanouissement elles sont blanches ; à midi elles sont d'un beau rouge , et elles deviennent d'un pourpre violet le soir. L'*Hortensia* passe par différentes nuances de vert et de blanc pour arriver à ce beau rose lilas qui porte son nom et auquel succèdent encore d'autres teintes blanches et vertes. Cette singularité l'a fait nommer *Hortensia mutabilis* , changeant. Emblème des caprices de la mode, qui ne se justifie jamais mieux que lorsqu'elle se rapproche plus de la nature !

Au milieu des vicissitudes de leur vie, les fleurs jettent plus ou moins

d'éclat sur notre terre. Nous pourrions dire leurs vertus et leurs vices
en énumérant leurs propriétés, leur
utilité générale, leur utilité particulière, en signalant leurs espèces
vénéneuses. Nous pourrions raconter
ce qu'elles ont à souffrir de leurs
ennemis (car elles ont aussi des ennemis). Nous pourrions montrer les
plantes se disputant entre elles l'air
et la lumière ; les arbustes s'élevant
au-dessus des herbes, les arbres au-
dessus des arbustes, et les plus
grands faisant périr souvent les plus
petits. Mais nous ne finirions jamais
s'il nous fallait tout dire. Un grand
nombre d'ouvrages ont traité des
fleurs, et tout n'est pas encore connu.

Là, comme ailleurs, Dieu se joue de la science.

Résumons ce que nous avons dit en esquissant quelques traits de l'histoire des fleurs. Puisqu'elles vivent, puisqu'elles sentent comme nous ; puisque des impressions relatives à celles qui nous influencent, exercent leur influence sur elles ; il existe entre elles et nous des rapports étranges qui demandent à être compris. Leur muet langage doit servir de complément au nôtre. Eh bien, ce qu'elles veulent dire, nous le dirons désormais nous-mêmes. Cette étude, si pleine d'indicibles amabilités, fera désormais nos délices. Puissions-nous comprendre ainsi toutes les créatures, et en être compris, afin qu'ensemble nous bénissions à jamais la puissance adorable qui a tout créé pour que tout concourût à sa gloire, à la paix et au bonheur du monde.

Nous avons choisi trente-six fleurs différentes pour les étudier dans le sens que nous l'entendons. Toutes vont nous présenter des emblèmes faciles à appliquer. Nous nous ferons leur interprète ; mais nous ne raconterons jamais assez tout ce qu'elles prêtent de charmes au langage du cœur.

A. B.

Réflexion.

—

La justice divine punit le mé-
chant et fait triompher tôt ou tard
l'innocence.

—

Prière.

—

Mon Dieu, accordez-moi la grâce
de résister aux tentations de l'en-
nemi du genre humain, par les
mérites de J.-C. notre Sauveur !

—

Bouquet Chrétien

Lys. *Innocence, Vertu.*
Aconit. *Les méchans.*

Le Lys.

Cette belle fleur est formée par l'épanouissement graduel des six parties qui composent son
calice. Trois, plus larges que les autres, s'en-
lacent entre trois plus petites qui se touchent
presque à leur base et semblent seules former
l'évasement du tube. Sœurs attentives, elles
veillent ensemble à la conservation de la jeune
fleur et lui servent de protectrices. Le bouton,
serré d'abord, d'une solidité à l'épreuve des
orages, s'allonge bientôt et s'élève comme une
coupe blanche, simplement, mais bien ciselée.
C'est un beau vase dont la grandeur propor-
tionnée reçoit et reflète merveilleusement les
rayons du soleil quand ils frappent le tapis
argenté dont il est couvert.

Les parties supérieures de cette fleur se renversent avec une grâce ravissante ; leurs nuances, le travail des veines dont se compose leur tissu éphémère, tout dans elle est une merveille véritable. La majesté de son port, sa dignité modeste, l'ont fait, pendant long-temps, l'ornement et l'emblème d'une des plus belles couronnes du monde.

Que dire encore après ces paroles de l'évangile, qui en font le plus bel éloge : « Considérez » le lys, et voyez si Salomon, dans toute sa » magnificence, a jamais été si bien vêtu que » l'est cette herbe des champs. »

Dans l'intérieur de cette fleur, on voit comme six bâtons d'or se balancer et se mettre en équilibre sur autant de filets blancs ; le moindre attouchement les fait déplacer. Elle dure peu : bientôt flétrie, elle se ferme, se sèche et tombe.

L'innocence est toute belle ; comme le lys, dont l'odeur est suave et pénétrante, elle parfume tout ce qui l'entoure ; on respire plus à son aise près d'elle. La piété, la douceur, la modestie, trois qualités principales qui la soutiennent et l'accompagnent, lui font remplir avec joie ses devoirs envers Dieu, envers le prochain : c'est là tout l'homme sur la terre. Si le mauvais exemple, si le vice la tourmentent et l'éprouvent, l'innocence souffre un instant, mais bientôt elle triomphera dans un monde meilleur.

L'Aconit.

Cette plante, dont l'origine est indiquée par son nom grec qui signifie *rocher*, croît dans les terres sèches et pierreuses. Son calice est divisé en cinq pièces, dont la supérieure est creusée en casque : ce qui lui fait appliquer vulgairement ce nom. Ses fleurs sont grandes, presque toujours bleues, et forment un épi élégant qui termine la tige. La beauté de ces fleurs et celle de son feuillage luisant, lui ont donné accès dans nos jardins, d'où ses propriétés vénéneuses semblaient devoir à jamais l'exclure.

Les Germains trempaient leurs armes dans le suc de l'aconit pour en rendre les atteintes mortelles. Les Indiens emploient à empoisonner leurs flèches la racine d'une de ses espèces nommée *aconit féroce*. En général, les racines et les feuilles sont le siége du venin que cette plante recèle : il y aurait du danger à les tenir trop long-temps dans la main. Aussi, la Mythologie attribuait la naissance de l'aconit à l'écume des trois gueules de Cerbère, gardien des enfers ; et un poète latin associe aux crimes les plus noirs l'idée de l'aconit donné pour breuvage.

Les méchants aiment les endroits écartés, rocailleux, arides. S'ils en sortent, c'est pour essayer le mal et corrompre les bons. Alors ils se couvrent d'un extérieur qui séduit : malheur à qui se laisse prendre à leurs beaux dehors ! Le venin qu'ils exhalent malgré eux se communique ; et, si l'on ne se tient sur ses gardes, le poison fait des progrès, lents quelquefois, mais sûrs, lorsqu'on s'endort avec trop de confiance.

Et pourtant ne faut-il que montrer au doigt le vice, et fuir toujours les méchants ? Hélas, il faut aussi les plaindre. Un criminel, quelquefois, c'est la pauvre nature abandonnée à elle-même sans conseils, sans appui, sans aucune de ces douces inspirations qu'on trouve au regard d'une vertu aimante et sensible. Une réflexion pieuse, un bon exemple donné, eussent peut-être décidé pour le bien tel coupable qui a manqué de tout cela. Jésus-Christ, sur la terre, ne s'entourait pas seulement des justes, des élus ; il parlait à la Samaritaine, il s'asseyait au milieu de la foule ; la semence de sa parole tombait sur toute espèce de terrain.

Haïssons donc le vice ; mais ayons pitié de nos frères qui n'ont pas su, ou qui n'ont pas pu en triompher. Si nous avons l'espoir de leur être utiles, allons vers eux avec les ressources de la charité, de la foi, de l'espérance. Le mal sera peut-être vaincu par le bien.

L'Immortelle.

Ses tiges rondes sont couvertes d'une peau épaisse et chargées d'un duvet cotonneux. Elle a des nœuds assez distants dont le gonflement est très sensible ; c'est de là que partent les feuilles opposées et les branches qui, deux à deux, s'élèvent, mais à peu de hauteur. Les fleurs sont agglomérées au sommet de la tige ou des branches.

Un petit tube repose à sa base sur un léger calice qui lui sert de nid et qui rappelle toute la mollesse du climat des Indes dont la plante est originaire. Des écailles, dont le tissu est fin, brillant et sec, entourent ce tube et le gardent, parées toujours de leurs vives nuances, sans se flétrir. Ce tube, ces écailles, c'est la fleur de l'immortelle.

Immortelle. *Vie éternelle.*
Bouton de Rose. *Espérance.*

Réflexion.

—

Plaçons nos espérances dans la vie éternelle.

—

Prière.

—

Faites, ô mon Dieu ! Dieu toujours bon, toujours miséricordieux, que je sois digne d'entrer dans le céleste séjour, par les mérites de J.-C. notre Sauveur !

Antique et durable comme le monde, elle a paré le berceau des premiers hommes ; elle sert, chez nous, de couronne à l'amitié ; sur les tombeaux, elle exprime les regrets auxquels toutefois elle survit toujours, car les hommes oublient si facilement ! Rien ne tarit si promptement que les larmes. Au lieu que l'immortelle, sans parfum qui la fasse apercevoir, sans l'éclat qui frappe les yeux, est inaltérable dans sa forme ; elle se conserve sans jeunesse. Elle peut perdre les sucs qui l'ont nourrie, l'humidité qui l'a entretenue, elle existe toujours.

> Exempte des hivers, exempte des rigueurs
> Qui font vieillir, qui font mourir les fleurs,
> De ses beaux jours elle a toujours la grâce ;
> Et sans subir des ans la rigoureuse loi,
> Jamais de sa fraîcheur le lustre ne se passe.
> . . . .

Cette fleur donne l'idée de la vie immortelle que les justes se sont acquise au milieu des sacrifices sur la terre. Souvent des aridités ont désolé leur cœur : entourés des plaisirs du monde, entendant le bruit de ses fêtes, recevant parfois même quelques émanations de cette atmosphère de volupté au milieu de laquelle ses partisans coulent leur vie, ils ont résisté aux séductions ; rien n'a pu les détourner de cette voie difficile dont le terme devait être la gloire de l'immortalité bienheureuse.

En voyant cette fleur, songeons à cette vie dont elle est l'emblème : efforçons-nous de la mériter.

Le Bouton de Rose.

Il n'est pas de fleur sur laquelle on ait autant dit, autant écrit que sur la rose. La Mythologie a supposé que la déesse de la Beauté, voulant cueillir cette fleur, se piqua aux épines qui l'entourent et la colora de son sang. Les poètes musulmans font naître la rose et le ris de deux gouttes de sueur que leur prophète laissa tomber sur la terre quand il faisait sa ronde dans les cieux avant de venir donner sa loi aux hommes. Enfin, le Christianisme lui-même, plus grave et plus vrai, admirant dans la rose ce que le Créateur y a jeté de grâces, de fraîcheur, de couleurs éclatantes, d'inimitable beauté, applique le nom de cette fleur à la mère de Dieu, qu'il appelle *Rose mystérieuse, Rose sans épines*.

Tout ce que la rose donne de plaisir à la vue, de douce satisfaction à l'odorat, de bien au cœur, tout ce qu'elle a de poésie pour l'imagination, le bouton de cette fleur gracieuse le renferme et le promet. C'est donc l'espérance, dont il est l'emblème; il entretient et anime le désir.

En unissant le Bouton de rose à l'Immortelle, nous nous disons que les saintes joies du ciel, qui ne finiront pas, nous sont réservées; qu'il y a bien, sur la terre, des sacrifices à supporter pour arriver à ce bonheur, mais qu'au bout du pélérinage de cette vie, nous trouverons les plus glorieuses, les plus douces récompenses.

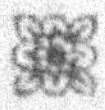

——◦——

La Rose.

Pas n'est besoin de décrire cette fleur : qui ne l'a pas remarquée? qui ne l'a pas admirée? Il est rare de trouver des personnes qui n'aiment pas les fleurs ; mais parmi celles qui les voient avec indifférence, il est plus rare encore d'en trouver qui ne voient la rose avec plaisir. Ses couleurs attachent tellement la vue ! Les yeux se reposent avec amour sur le velouté de sa fleur, que font ressortir ses feuilles d'un vert si tendre. Et ces épines qui semblent la défendre, elles l'embellissent encore, placées qu'elles paraissent être pour exciter et pour retenir l'indiscrétion, dont le souffle même pourrait la flétrir !

On ne peut préciser le nombre des variétés de la rose ; la culture, le hasard les a multipliées à l'infini. On a interrogé de toute manière dans

Bouquet Chrétien.
Rose. Beauté.
Primevère. Jeunesse.
Bleuet. Fleur des champs.

Réflexion.

———

Jeunesse et beauté passent comme la fleur des champs. Atta-
chons-nous donc aux choses divines et non aux choses du monde.

———

elle les ressources de la beauté dont elle est l'emblème. Et toujours, la réponse est la briéveté de son existence. L'instant qui voit éclore la rose est bien près de celui où elle va se flétrir.

La rose donc, en nous représentant la beauté, nous parle aussi de son peu de durée. Que sera-ce d'une beauté qui ne finira jamais, si celle qui passe si rapidement près de nous émeut notre cœur? Ce cœur est fait pour de grandes choses ; il y a, en quelque sorte, de l'infini dans ses désirs, dans son amour ; et tout, sur la terre, a des limites qui l'enchaînent ; ce n'est que la contemplation de cette beauté toujours ancienne, toujours nouvelle, qu'admirent à jamais les élus dans le Ciel, qui peut nous satisfaire pleinement.

La Primevère.

Le soleil de février suffit pour la faire épanouir. Fille aînée du printemps, dont elle porte le nom latin, à peine les frimats de l'hiver ont-ils disparu, que, confiante dans un avenir moins rigoureux, elle laisse entrevoir ses douces couleurs. Aimable arc-en-ciel terrestre, elle annonce que la terre n'a pas renoncé à produire.

Sur des supports courts et blanchâtres, partis d'une tige légère et qui s'élève peu, ses fleurs sont réunies comme de timides sœurs qui se prêtent mutuelle assistance, et inclinent ensemble leur tête modeste, peu rassurée encore contre les vents froids qu'elles bravent.

Dans les champs, leur teinte est jaunâtre; dans les jardins et presque sans culture, mais à l'abri de nos murailles, placées par notre prévoyance sur un sol mieux nourri, elles se parent de grâces nouvelles, elles produisent les nuances les plus flatteuses à l'œil.

Toutes les feuilles de cette plante s'attachent à sa base, et s'y agrègent pour former un berceau à la jeune primevère qui s'élance du milieu d'elles. Leur épaisseur, d'abord, sert de voile et d'appui à son premier essor; plus tard, ces feuilles servent à en relever la beauté.

Voyez-vous cette jeune fille dont l'enfance est

entourée de soins ? Sa mère lui prodigue les plus douces caresses, l'aide de toutes les ressources de son expérience et de son amour. La bonne mère voit quelquefois sa fille suivre la hardiesse de ses penchants, se livrer à des goûts trop frivoles qui feraient craindre pour l'avenir; elle s'émeut, lui donne un abri sur son cœur; la piété en fait des amies : la jeune plante grandit belle, modeste, innocente et pure.

Le Bleuet.

Son nom dit assez sa couleur d'azur qui coupe, de la manière la plus agréable à l'œil, l'aspect uniforme d'une terre qui attend la moisson. Cette jolie plante appartient à une immense famille dont on connaît dix mille espèces, et qui constitue à elle seule la dixième partie du règne végétal.

La tige du bleuet, qui s'élève à une certaine hauteur, se ramifie dès la base et porte les fleurs à l'extrémité de ses dernières ramifications. Sa surface offre des cannelures séparées par des côtes, dont trois viennent aboutir à chaque feuille : sur ces cannelures sont des poils blancs cotonneux disposés par petits flocons, comme des débris de toiles d'araignée , et couvrant aussi les feuilles.

Cette modeste fleur , souvent méprisée pour de plus brillantes, est pourtant un joli symbole de l'innocente simplicité. C'est la fleur des champs proprement dite ; c'est la parure des campagnes. La piété en orne l'autel de l'église du village. Les guirlandes , les couronnes de bleuets sont la toilette des bergères ; toilette simple , empruntée à la nature, et pour cela d'autant plus belle.

Réunissons la Rose, la Primevère et le Bleuet ; interprétons la pensée muette de ces jolies conseillères, et disons :

O vous qu'on aime trouver belle,
Eve d'ic'-bas, tendre fleur,
Prenez la rose pour modèle :
Son éclat naît de sa pudeur.
Faite pour orner la nature ,
Elle naît d'un simple arbrisseau ;
Mais, pour garder sa beauté pure ,
L'épine défend son berceau.

Réflexion.

—

Si nous manquons de vigilance
et si nous ne combattons pas nos
mauvais penchants, ils perverti-
ront notre âme et nous condui-
ront à notre perdition.

Pavot. *Sommeil de l'ame.*
Renoncule des prés. *Mauvais penchans*

Le Pavot.

Sa tige est hérissée de longs poils blancs, qui se retrouvent sur les deux faces et sur les bords des feuilles ; on les observe également sur les pédoncules qui soutiennent les fleurs et sur leurs calices. Avant la floraison, ces fleurs baissent languissamment leur tête ; elles se redressent lorsqu'elles sont épanouies : l'ouverture de leur calice se dirige alors vers le ciel.

Belle autant qu'utile, cette plante, qui étale dans nos jardins ou dans nos champs ses fleurs d'un rouge éclatant, ou blanches ou roses ou panachées, est un puissant soporifique. Les anciens mettaient un pavot dans les mains de Morphée qu'ils avaient fait dieu du Sommeil. On lit dans les poètes que des gâteaux de graines de pavot, mêlées au miel et à la farine, servaient à endormir les douleurs de l'enfance. Les Orientaux font un usage immodéré du suc du pavot blanc, sous le nom d'*opium* ; ils en prennent à des doses successivement croissantes jusqu'à ce qu'ils obtiennent une ivresse qu'ils regardent comme la suprême félicité. Ils tombent bientôt dans un abrutissement physique et moral dont rien ne peut les tirer.

On a calculé qu'une seule tige de pavot peut fournir 32,000 graines, et, par induction, que, si aucune de ces graines ne périssait, la postérité d'une seule couvrirait, dès la quatrième année, plus que la surface entière du globe.

Admirons ce que le pavot porte de belles couleurs, ce qu'il a d'utilité, ce que l'observation peut y découvrir de remarquable. Mais craignons pour nous le sommeil de l'âme. Le sommeil, en matière de spiritualité, c'est la mort ; au lieu qu'il nous faut vivre pour aimer Dieu, pour l'adorer, pour servir à sa gloire et à l'édification de nos semblables.

La Renoncule.

La plupart des espèces de ce beau genre de fleurs sont vénéneuses et malfaisantes ; leur suc âcre et caustique est un poison. Cette petite tête jaune, brillante et satinée, que nous nommons Renoncule des prés ou *Bouton d'or*, cache donc hypocritement un défaut qui nous la ferait haïr, toute délicate que soit la tige d'un vert tendre qui la supporte, quelque joli que soit son calice composé de trois, cinq ou six petites coques velues, d'abord vertes et successivement jaunissantes.

Ses feuilles, dont la découpure varie à l'infini dans le genre renoncule, sont placées par étage et accompagnent la naissance d'une branche ou d'un bouton.

Souvent l'extérieur des méchants séduit : l'esprit malin emprunte quelquefois le langage de l'esprit de lumière. Mais il ne peut soutenir long-temps un rôle auquel manquent la persuasion et la vérité. Peu à peu les penchants mauvais se font apercevoir dans l'hypocrite. Il faut, en général, se défier de trop d'éclat : la vertu la modestie ne l'aiment point.

Nous le disions tout à-l'heure : le sommeil de l'âme est souvent funeste; ne pas faire le bien touche de près au mal. Dans le Pavot et la Renoncule, voyons le conseil de veiller toujours, afin de ne pas nous laisser entraîner par les mauvais penchants de notre cœur.

Réflexions.

—

C'est surtout dans la solitude que fleurit l'amour divin.

L'âme pieuse se plaît dans la retraite et dans le silence ; c'est là qu'elle contracte une union intime avec Dieu.

—

Bouquet Chrétien.

Bruyère. Solitude.
Héliotrope. Amour pur.

La Bruyère.

Cette nombreuse et charmante tribu de fleurs embellit les bois les plus arides et les landes les plus sauvages. Les bruyères sont de petits arbustes décorant tous les lieux où ils se trouvent d'un tapis toujours vert, relevé par de petites fleurs en grelot, disposées en grappe ou épi, du rouge le plus vif ou du rose le plus tendre. Il leur faut essentiellement une terre légère et pourtant douce et substantielle.

L'élégante famille des bruyères compte plus de trois cents individus tous plus jolis les uns que les autres ; la plupart nous viennent du Cap de Bonne-Espérance. On les cultive en Angleterre avec plus de succès qu'en France, où cependant on en possède près de deux cents variétés, auxquelles les difficultés de leur culture forcent à renoncer.

La bruyère, par le nombre de ses espèces, par les soins particuliers de culture dont elle a besoin, par le genre de ses feuilles qui plaisent presque autant que ses fleurs, forme une famille à part. Il lui faut un terrain à part. Ainsi, tous les hommes ne sont pas faits pour le monde; il en est qui ont besoin de la solitude pour se recueillir, pour aimer Dieu, pour vivre. La solitude a des attraits pour certaines âmes privilégiées.

L'Héliotrope.

Dans les terrains incultes, le long des chemins, au pied des édifices, on trouve une tige d'un vert blanchâtre, portant des feuilles arrondies, assez petites, habillées d'un duvet grisâtre et dur comme de la laine. Du milieu de ces feuilles s'élève un petit rameau de fleurs dont la partie inférieure est d'un vert jaune, et la partie supérieure d'un blanc tirant sur le gris de lin. C'est l'Héliotrope ; ce nom a été emprunté pour lui du grec, afin d'exprimer en un seul mot que cette fleur se tourne vers le soleil dont elle suit, pour ainsi dire, la course du regard.

Cet héliotrope n'a pas d'odeur. Il a l'air un peu triste : il semble avoir le sentiment de l'état d'abandon où il est resté, et de l'élévation de sa famille dans la faveur dont jouit l'héliotrope du Pérou. Joseph De Jussieu, herborisant avec M. De la Condamine, trouva cette plante dans la vallée des Cordilières, et l'apporta en France. Sa couleur modeste, la suave odeur de vanille qu'elle exhale, l'eurent bientôt naturalisée parmi nous.

Cette fleur est le symbole du juste dont l'intention est toujours dirigée vers le ciel. Modeste, exhalant autour de lui le parfum du bon exemple, des vertus, il plaît à tout le monde. Agréable à Dieu et aux hommes, il coule une vie tranquille dont il attend le soir avec sérénité. L'amour divin qui le soutenait sur la terre fera son bonheur dans le ciel.

L'Héliotrope et la Bruyère sont l'image de l'élu de la solitude ; c'est là que Dieu parle à son cœur : conversation intime, conversation celeste qu'il n'est pas donné à toutes les oreilles de comprendre, mais qui fait le bonheur de l'âme privilégiée qui a pu se détacher de la terre.

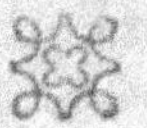

Réflexion.

—

Mes pensées et mes souvenirs sont pour la croix.

—

Prière.

—

Je vous salue, ô croix! mon unique espérance! Jésus, qui y avez été attaché, accordez-moi le pardon de mes péchés!

—

Pensée. *Pensées.*
Myosotis. *Souvenir.*

— ◇ —

La Pensée.

Ses feuilles forment comme un petit buisson qui lui conserve sa fraîcheur et qui l'abrite contre l'excès de la chaleur. Sa tige est fine et carrée. La fleur présente en face deux ailes droites, d'un violet doux comme du velours. Deux ailes plus petites, violettes par les extrémités, les accompagnent ; leur teinte d'ailleurs est d'un jaune très pâle, et elles ne gardent que deux raies violettes d'une parfaite régularité. Enfin, l'on voit avancer une cinquième partie triangulaire, dont le bord est teint de la même nuance violette, et le reste d'un jaune brillant comme du satin, nuancé de raies violettes bien prononcées. Cette cinquième partie ou aile, un peu concave, est légèrement ployée et découpée par le milieu ; ses bords sont parfaitement arrondis, ainsi que tous les contours de cette jolie fleur.

Son nom indique assez ce dont elle est l'emblème. Si nos pensées étaient toujours aussi jolies, aussi pures que celles que nous voyons dans nos jardins, dans les champs, nous serions heureux et sages, et nous nous rendrions agréables à tout ce qui nous entoure.

Le Myosotis.

Une chronique donne à son autre nom, *Ne m'oubliez pas*, une touchante origine. Un jeune homme, dit-on, se baignait dans une eau pure; une touffe de myosotis frappe ses yeux : il nage pour aller les cueillir, il s'efforce et les jette à ses amis, sur le rivage, en s'écriant : *Ne m'oubliez pas...* On ne le revit plus, mais la plante a gardé ses derniers mots et sa mémoire.

Une tige carrément faite, élevée de quelques pouces et marquée de rouge par places, soutient les feuilles nombreuses, simples, allongées du myosotis. Un duvet léger les recouvre et les rend épaisses au toucher ; elles servent de soutien à chacune des branches et au rameau principal de la plante.

Les fleurs sont au sommet de la branche, qui se divise en deux comme une petite fourche, et portent sur chacune de ces deux divisions leurs fleurettes rangées deux à deux. Elle est forcée d'en courber, d'en rouler les extrémités comme la queue d'un scorpion ; c'est de là qu'on donne au myosotis un nom latin qui rappelle le scorpion.

Cette miniature de fleur a la forme d'un petit entonnoir dont les bords ont cinq petites divisions égales et rondes, et d'un bleu riche d'azur. Un cercle jaune arrête la vue qui essayerait de pénétrer dans le tube de l'entonnoir. Le bouton de cette petite merveille n'est, avant de s'épanouir, qu'un point couleur de rose dans un calice entr'ouvert.

Comme la Pensée, le Myosotis, ou *ne m'oubliez pas* ou *Aimez-moi comme je vous aime*, est l'emblème facile à trouver du souvenir. Les pen-

sées ne manquent pas à l'esprit, au bon cœur :
il faut savoir les diriger. Dieu n'est-il pas le but
où elles doivent tendre ; son amour et la charité pour nos frères ne doivent-ils pas être le plus
assidûment leur objet ?

Réflexion.

L'image des souffrances de Jésus
doit remplir l'âme d'un Chrétien
de deuil et d'affliction. Offrons
chaque jour notre tribut de reconnaissance et d'amour à celui qui
a versé son précieux sang pour
racheter nos péchés.

Bouquet Chrétien.

Fleur de la Passion. Souffrances de
Jesus.
Scabieuse. Deuil, Affliction.

La fleur de la Passion.

Ses rameaux sarmenteux et grimpants garnissent très bien les cabinets de verdure. Cette plante a une fleur bleue aussi singulière que belle. On croit y remarquer les principaux instruments de la passion du Sauveur, la colonne où il fut attaché, des clous, la lance et l'éponge au moyen desquelles on lui donna à boire, la couronne dont ses bourreaux lui ceignirent la tête.

Ces belles fleurs ne durent qu'un jour, mais elles se succèdent de juillet en septembre. Leur culture demande quelques soins.

Est-il besoin de dire tout ce qu'une ame pieuse trouve, dans cette fleur, d'aliment à sa piété, de sujet à ses méditations?

La Scabieuse.

La tige qui soutient cette fleur nommée au[ssi]
la *Veuve*, est presque nue ; les feuilles qu'o[n]
trouve à la naissance des branches sont opp[o]
sées, et découpées, dans la forme de feui[lles]
ailées, en lanières très étroites.

La fleur est couleur gris de lin ; elle est [so]
litaire et courbée à l'extrémité d'une long[ue]
tige. Sa position semble être celle de la méla[n]
colie, qui languit et aime la solitude.

Dans Bernardin de St-Pierre, Virginie, rel[é]
guée en France, n'écrit point à Paul, mais e[lle]
lui envoie et recommande à ses soins de la grai[ne]
de scabieuse. Le cœur sensible comprend l'él[o]
quence délicate de cet envoi.

La scabieuse est donc la fleur de l'affliction [et]
du deuil ; ce sont les sentiments qui doive[nt]
résulter de la méditation des souffrances [de]
Jésus-Christ dans sa passion. Réunie à la fle[ur]
précédente, elles forment un bouquet vraime[nt]
chrétien.

Réflexion.

—

L'orgueil et la vanité nous mè-
nent à la perdition.

—

Prière.

—

Mon Dieu, c'est l'orgueil qui a
perdu les Anges déchus. Comment
moi, faible créature, résisterai-je
si vous détournez votre regard de
moi ?

—

Bouquet Chrétien.

Tulipe. *Orgueil.*
Narcisse. *Vanité. Amour-propre.*
Verveine. *Perdition.*

La Tulipe.

C'est à la Turquie que nous devons cette belle plante pour laquelle, en Orient, une fête particulière et de toute solennité a été établie et se célèbre, tous les ans, au mois de mai.

La feuille de la tulipe l'enveloppe et se multiplie à sa base seulement comme pour lui former un berceau ; cette feuille est longue, terminée en pointe, unie, courbée dans sa longueur, épaisse, et propre, tout ensemble, à servir de canal aux eaux qui doivent baigner la racine et à en absorber le surabondant.

Tout le monde connaît la fleur de la tulipe, ce beau vase à forme oblongue et concave, dont le tissu réunit la solidité à la richesse des teintes, et dont les parties qui le composent s'ouvrent

7

peu à peu avec cette grâce, cette majesté qui n'appartiennent qu'aux ouvrages de la nature.

Les nuances de la tulipe se varient à l'infini : elles se panachent en tout sens et de mille couleurs. Les botanistes la cultivent, la tourmentent pour en obtenir des variétés, la mesurent pour y trouver la direction longitudinale des couleurs, à laquelle ils mettent un grand prix.

En admirant cette belle fleur, ne faut-il pas aussi la plaindre de son peu de durée, de ce contraste entre le jour de sa gloire, où elle attire l'admiration, et celui où, flétrie et penchée sur sa tige, elle ne semble plus qu'un misérable lambeau ? C'est l'image de l'orgueil qui se hâte de profiter de tous ses avantages, parce que l'heure est près où le voile qui cache sa nullité sera déchiré.

Le Narcisse.

Les poètes racontent que le jeune Narcisse, s'étant regardé dans une fontaine, devint si épris de sa beauté, que, consumé d'amour pour lui-même, il en mourut. On donne son nom à une fleur blanche qui, croissant au bord des eaux, semble se pencher pour s'y admirer comme Narcisse. Son parfum et sa beauté la font cultiver dans nos jardins. Elle était consacrée aux Furies.

L'origine du nom donné au narcisse, qu'est-ce autre chose qu'une flétrissure éternelle à l'amour-propre, à la vanité ?

> L'homme de lui seul amoureux,
> Est toujours indigne qu'on l'aime.
> Ne sachant faire des heureux,
> Il ne peut être heureux lui-même.

La Verveine.

C'est une plante grêle et très large, qui étend de frêles rameaux, alternativement opposés et à d'assez grandes distances. La tige en est verte et carrée ; les feuilles, dures au toucher et découpées profondément, mais sans régularité. On n'en voit sur la tige principale que deux à chaque nœud formé par le départ de deux branches. De ces branches un petit rameau essaie de s'échapper, mais il ne s'allonge guère, et deux à trois petites fleurs sont le terme de son effort. Ces fleurs sont un petit tube blanc qui s'évase en roue et forme cinq découpures arrondies, dont la nuance est d'un charmant lilas, pendant que le reste est d'un blanc mat.

La verveine servait, chez les anciens, aux divinations ; on lui attribuait un grand nombre de propriétés. Les hérauts d'armes, allant déclarer la guerre ou proposer la paix, étaient porteurs de verveine. Les Druides faisaient un sacrifice à la terre avant de cueillir cette plante, tant ils la vénéraient. Dans nos provinces du nord, les bergers la recueillent avec des cérémonies et des paroles à eux seuls connues, et ils en expriment le suc à certaines phases de la lune. ils croient à ce suc des propriétés occultes et puissantes ; la verveine est pour eux l'herbe des enchantements.

C'est dans l'idée des anciens et de quelques

personnes parmi nous sur cette plante, qu'il lui
faut chercher un emblème. Il y a quelque chose
de mystérieux dans les cérémonies dont la verveine était l'objet, dans les propriétés qui lui
étaient attribuées. C'était un aveuglement, une
certaine ivresse, que nous trouvons à appliquer,
par la réunion de la Tulipe, du Narcisse, de la
Verveine, aux secrètes pensées de l'orgueil, qui
préparent et consomment la perdition de l'âme.

La Croix de Jérusalem.

La plus belle de toutes les lychnides, ainsi nommées d'un mot grec qui signifie *flambeau*, à cause de l'éclat de leurs fleurs, c'est la croix de Jérusalem ou de Malte, originaire de Russie. Son gros pompon de fleurs d'un rouge éclatant couronne des tiges assez élevées. Les parties qui composent la fleur, sous la forme d'une croix de chevalier, lui ont valu son nom vulgaire. Sa variété double est encore plus belle, mais elle est plus délicate et craint les grands froids.

Aux yeux du Chrétien, cette fleur rappelle les plus touchantes et les plus glorieuses annales de la rédemption des hommes. La croix, autrefois signe d'ignominie, est devenu un signe de salut et de gloire. Avons-nous de la peine à y

Croix de Jérusalem. *Le Sang du Sauveur.*
Perce-neige. *Blancheur.*
Immortelle. *Éternité.*

Réflexion.

—

N'oublions jamais que le sang
de Jésus versé pour les hommes,
les a rachetés de l'esclavage du
péché et leur a ouvert les portes
de la vie éternelle. Rendons-nous
dignes de cet admirable sacrifice.

—

lire l'histoire de l'amour de Dieu pour nous, le code de nos devoirs envers lui ?

La Perce-Neige.

Au milieu même des rigueurs et sous la neige de l'hiver, cette plante prépare sa fleur d'un blanc pâle lavé de rose à charmer nos yeux avant qu'aucune autre fleur ose se montrer. Son aspect indique bien que les feux du soleil lui ont manqué pour aviver ses couleurs, mais on est heureux de la trouver au milieu de la nature encore en deuil, et qui semble impuissante encore à la polir comme elle le fait plus tard pour ses autres productions. Car les fleurs de la perce-neige ne sont pas disposées symétriquement sur la tige; les feuilles, pâles comme les fleurs, sont larges, allongées, et plutôt irrégulièrement déchirées que terminées dans une forme quelconque à leur extrémité. On dirait qu'elles se plissent sur la tige en l'entourant comme un fourreau mal travaillé.

Nous remarquons dans la perce-neige sa blancheur, dans laquelle il serait facile de trouver des emblèmes s'appliquant à plusieurs sujets. Mais en joignant cette fleur à la Croix de Jésalem et à l'Immortelle, dont nous avons parlé précédemment, pour en former le bouquet du Chrétien, nous trouvons à méditer sur la passion du Sauveur des hommes, sa mort, sa résurrection, son ascension glorieuse et son éternité. Il souffre, il meurt en croix; mais, bientôt, il triomphe des glaces de la mort, et il s'élève glorieux jusqu'au ciel, où il va vivre son éternité et nous préparer une vie immortelle.

Aspiration.

Mon âme, impatiente de ses liens, se tourne vers vous, ô mon Dieu !

Prière.

O Jésus ! mon divin Sauveur, accordez-moi le secours de votre grâce divine, afin que je vous suive fidèlement dans la route du salut.

Bouquet Chrétien.
Balsamine. Impatience.
Tournesol. Contemplation du Ciel.

La Balsamine.

Cette jolie plante annuelle est originaire des Indes. Ses grosses touffes, sa tige rougeâtre, en pyramide, et ses fleurs retombant en gros grelots rouges, blancs, roses, purpurins, bigarrés et jaspés, simples ou doubles, durent depuis la fin de juin jusqu'aux premières gelées. Les capsules oblongues et renflées, qui contiennent ses graines, sont à une loge et à cinq divisions. Lors de la maturité, chacune de ces divisions se roule sur elle-même au plus léger attouchement, et jette au loin les graines par son élasticité.

Moins remarquable et moins recherchée que la balsamine de nos jardins, la balsamine des bois, autrement nommée l'*Impatiente*, et que la science a encore appelée, de trois mots latins, *ne me touchez pas*, possède à un plus haut degré l'élasticité singulière qui lui a valu son nom. Son feuillage, délicat et d'un vert tendre, protége ses grandes fleurs jaunes et les cache assez pour laisser le plaisir de les découvrir. Voisine des cascades et des ruisseaux ombragés des montagnes, la balsamine des bois se dérobe à la vue et semble être, comme la *Sensitive*, l'un des plus gracieux emblèmes de la pudeur.

La balsamine, par l'irritabilité de ses capsules parvenues à leur maturité, représente l'impatience d'une âme qui se trouve mal à l'aise au milieu des dangers du monde et des peines de la vie. Il lui faut autre chose que ce qui l'entoure; il lui faut un air plus pur, il lui faut le ciel.

Le Tournesol.

Cette plante, cultivée dans tous les jardins, est originaire du Pérou; sa végétation est très rapide. Semée au printemps, elle s'élève en été jusqu'à trois mètres. Sa fleur, la plus grande qu'on connaisse, suit le mouvement du soleil

en s'inclinant vers lui. On peut expliquer peut-
être cet effet par le raccourcissement d'une partie des fibres, que l'action du soleil dessèche et
resserre; mais il vaut mieux dire que l'espèce
d'instinct par lequel les plantes recherchent le
regard du soleil, les mouvements qu'elles exé-
cutent pour mieux en recevoir les rayons, l'ar-
rangement différent que leurs diverses parties
prennent lorsqu'elles en sont frappées, sont un
phénomène qu'on ne peut qu'admirer sans le
le définir d'une manière qui satisfasse.

Dans tous les cas, voyons, dans le tournesol,
une invitation à nous tourner du côté de Dieu.
Dans les moments où notre existence semble ra-
fraîchie par quelques consolations, regardons le
ciel pour le bénir du repos qu'il nous laisse
dans la pénible carrière de la vie; et, dans nos
ennuis, quand notre cœur desséché ne sent plus
rien que la peine, oh! c'est alors qu'il faut relever notre tête, appeler du secours là-haut,
faire au ciel violence par la prière et un redou-
blement d'amour !

L'impatience, dont la Balsamine est l'em-

blème, et qui est un défaut quand elle n'a pour
mobile que le caprice ou l'amour de soi-même,
deviendra un bien, une vertu, si elle s'allie à la
pensée du ciel que le Tournesol nous suggère.
Que ferions-nous, en effet, ici-bas ? Les douleurs, les maladies, les ennuis nous environnent
de toute part : notre vie est un tissu de travaux
et de peines, et cependant nous sommes appelés
à un bonheur éternel ! Ayons donc toujours nos
regards tournés vers cet héritage que nous a
valu un Dieu. Crions vers lui ; exprimons-lui
notre impatience de le voir, de l'adorer à jamais
dans le ciel.

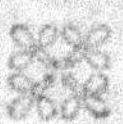

Réflexion.

—

Les grâces divines tombent plutôt sur les humbles que sur les
grands et les orgueilleux.

Car Jésus a dit : Les derniers
seront les premiers, et les premiers seront les derniers.

—

Violette. *Modestie, Humilité.*
Couronne impériale. *Grandeur,*
orgueil.

La Violette.

Cette charmante fleur s'élève à peine de terre
sur une tige d'un vert blanchâtre, cannelée,
pointillée çà et là de rouge. Des feuilles, légèrement dentelées et arrondies, lui servent de voiles et de sauvegarde. En cas d'orage, elles reçoivent les eaux dans le creux arrondi qu'elles
forment; ce petit réservoir entretient la fraîcheur autour de la jeune violette; et ces mêmes
feuilles l'abritent encore contre les ardeurs du
soleil.

Son nom indique l'uniformité de sa couleur :
néanmoins, on peut, en l'examinant, admirer
une quantité de veines qui nuancent impercepti-
blement son tissu délicat. Cinq parties la composent : les deux premières se relèvent en étendard

de dessous les écailles du calice ; les deux qui les accompagnent s'étendent plus horizontalement. La cinquième sert comme de base et de point d'appui à toute la fleur : son extrémité forme sous le calice une sorte de bourse ou de tube qui s'y attache.

La violette fait toujours courber la tige légère dont elle occupe le sommet. C'est une jolie tête qui se penche et s'incline en parlant ; elle joint la grâce à la modestie. Humble et timide, la violette croît au pied des arbres et des buissons. Elle aime l'abri quelconque que lui prête l'art ou la nature, et se hâte plus ou moins de paraître, selon qu'elle se trouve plus ou moins protégée contre les froids. Il lui faut des protections, un abri ; son doux parfum est un tribut qu'elle leur paie.

Que notre âme, qui sent impérieusement le besoin de tout agrandir, de tout rapporter à une sphère plus élevée que celle de la terre, aime à créer un emblème heureux, à voir dans cette richesse de la nature l'image d'une vertu. La violette, c'est l'humilité, c'est la modestie qui plaît sans le savoir, c'est la timide bienfaisance qui se cache pour être utile; même flétrie, elle laisse encore, par la douceur de son parfum, l'aimable souvenir de son modeste triomphe.

La Couronne Impériale.

Cette plante, originaire de Perse, paraît en avril, au milieu des autres qui fleurissent à cette même époque, comme une véritable souveraine, revêtue d'un diadème. Sa tige, droite et ferme, s'élève souvent avec majesté jusqu'à sept décimètres, garnie dans toute sa longueur de feuilles horizontales, excepté vers son sommet où elle est nue. Là se trouvent sur un ou deux rangs cinq ou dix fleurs de six centimètres, d'un rouge safrané, retombant en longs grelots; et, par-dessus les fleurs, une touffe de feuilles termine cette espèce de diadème, et lui donne le plus gracieux effet. Mais ce qui frappe le plus dans cette fleur, quand on la regarde par dessous, ce sont les grosses perles liquides transparentes et nacrées, qui, comme des diamants, marquent la naissance des six parties qui la composent, et semblent toujours prêtes à s'échapper.

Sa racine est un poison, et elle exhale une odeur fétide.

On a cru voir une ressemblance entre cette fleur et une couronne impériale, d'où on lui a donné son nom ; et c'est aussi pour cette raison qu'elle est le symbole de l'orgueil, qui accompagne souvent la grandeur.

En réunissant, dans un bouquet, la Violette et la Couronne impériale, nous établissons un contraste qui doit faire sentir le néant des grandeurs et le prix de la vertu modeste qui se cache pour faire le bien. Hésiterions-nous entre l'éclat d'une position qui assujettit et qui lasse, s'il faut toujours être en évidence dans le monde, et la douce satisfaction de l'homme ignoré du grand nombre, mais qui, au milieu d'un cercle d'amis, est apprécié, compris, vénéré ?

Réflexion.

—

Mes péchés remplissent mes jours d'amertume et de chagrin.

—

Prière.

—

Ayez pitié de moi, Seigneur, et venez au secours de ma faiblesse. Guérissez mon âme et purifiez-la.

—

Bouquet Chrétien.

Soucis. Chagrin.
Absynthe. Douleur, amertume.

Le Souci.

Sa tige est peu élevée et porte des feuilles en-
tières, le plus souvent très découpées; sa floraison est presque continuelle. Toutes les nuances
du jaune, que fait ressortir un disque pourpre-
noir, se trouvent sur sa fleur.

> Semblable à ce métal que sa couleur rappelle,
> Sa fleur n'a comme lui qu'un éclat imposteur;
> Elle infecte la main qui veut s'emparer d'elle,
> Ainsi que l'or corrompt le cœur.

En effet, le Souci exhale une odeur désagréa-
ble qui se communique aux doigts quand on le
touche.

Les fleurons se ferment au coucher du soleil
et s'ouvrent à son lever dans les jours sereins.

Les fleurs du *Souci pluvial*, grandes, à disque

brun-rouge et à rayons blancs en dedans et violacés en dehors, ne s'ouvrent que lorsque le temps est beau, et se referment aux approches de l'orage.

Les poètes ont imaginé qu'à la mort d'Adonis, les pleurs de Vénus tombant sur la terre, produisirent des soucis. Toujours, en effet, cette fleur a été l'emblème du chagrin.

L'Absinthe.

Cette plante, aromatique et très amère, croît dans le midi de l'Europe. Ses feuilles, d'un vert argenté, sont jolies et finement découpées. Ses fleurs, excessivement petites, sont jaunâtres et disposées en groupe. Une tige d'Absinthe représente parfaitement en miniature le port élancé d'un peuplier chargé de tous ses rameaux.

Le prophète Jérémie, pleurant sur les ruines de Jérusalem, dit qu'elle a été rassasiée de fiel et d'absinthe, pour donner une idée de l'amertume de ses douleurs.

L'Absinthe, le Souci, voilà donc le chagrin et les peines qui dévorent ! Pour le juste, c'est un moyen de salut ; tandis que le malheureux qui ne cherche pas sa force et sa consolation dans les idées grosses d'espérances, que suggère la piété, se traîne dans les sentiers pierreux de la vie, au milieu d'obstacles qui le retiennent et le déchirent encore. Choisissons.

La Ronce.

Ce genre de plante renferme des arbrisseaux à rameaux sarmenteux, garnis d'aiguillons. Leur tige droite, haute d'un mètre et plus, aime à s'appuyer contre les rochers dans les fentes desquels sa racine trouve à se nourrir, et se rencontre aussi dans les bois frais et ombragés.

Les Ronces et les aiguillons à crochets dont elles sont armées, ne sont pas tout-à-fait sans ressources.

D'une heureuse cité les forêts sont l'image :
Chaque espèce y conspire au commun avantage :
Le fort aide au plus faible, et l'on voit de sa fleur
Celui-ci, tous les ans, parer son bienfaiteur.
La Ronce aux traits aigus, comme un garde fidèle,
Dans différents quartiers se pose en sentinelle,
Détourne avec ses dards l'approche du troupeau,
Et des arbres naissants protège le berceau.

Ronce des bois. *Sentier de la Vertu*.
Tubéreuse. *Plaisirs mondains*.

Réflexion.

—

Le sentier de la vertu est semé
de ronces, mais il conduit au ciel.
Celui des plaisirs méne à la perdition éternelle. Prenons Jésus
pour guide et nous ne nous égare-
rons point.

—

De grandes fleurs lie-de-vin, semblables à de petites roses, disposées en bouquet, terminent, dans une des espèces de la Ronce, nommée *Framboisier du Canada*, les rameaux visqueux et odorants que soutient sa tige, et se succèdent de juin en septembre. On ne le cultive que pour l'agrément. D'autres espèces plus intéressantes sont la *Ronce noire* ou mûrier des haies, qui se couvre de petits fruits noirs très doux, et le *Framboisier du mont Ida*, qui fait les délices du chevrier des montagnes par son petit fruit rouge, parfumé, légèrement acide.

Les épines, les ronces couvrent aussi les sentiers de la vie ; elles semblent se multiplier davantage dans ceux de la vertu ; c'est que le royaume du ciel souffre violence ; c'est que les adversités sont nécessaires, puisqu'elles sont un baptême qui purifie. Au reste, le Chrétien fait disparaître la nécessité par sa vertu : il ne détruit pas le mal ; il en est maître.

La Tubéreuse.

Cette fleur , qui n'est autre que la Jacinthe des Indes , fut apportée en Europe par un certain Francus , qui commerçait sur différentes mers ; d'autres en attribuent l'introduction à un Père Minime qui l'apporta de Perse. Quoiqu'il en soit, elle est maintenant très cultivée en France , en Italie et surtout à Gênes , où on en voit des champs entiers , d'où on l'expédie aux parfumeurs des différents pays ; ils en composent des pommades et des essences très recherchées.

En Russie , cette plante ne fleurit que pour les princes et ceux qui les entourent. Au Pérou, elle croît sans culture , et s'unit à la brillante *Capucine* pour former le bouquet le plus porté.

D'un oignon , qui forme la racine de cette plante , partent de longues feuilles , se courbant en arc des deux côtés : du milieu d'elles s'élance une tige surmontée d'une ombelle su-

perbe de plusieurs fleurs agréables à l'œil et
dont le parfum se répand au loin, surtout la
nuit. C'est la fleur d'automne la plus odorante ;
mais plus elle est suave, plus elle est enivrante
et dangereuse à respirer. On cite des exem-
ples de personnes devenues folles pour avoir res-
piré trop vivement les parfums de cette fleur.

Tels les plaisirs de ce monde : ils séduisent un
moment, mais l'enivrement ne peut durer toujours ; c'est un songe que le bonheur qu'ils
donnent, mais malheur au réveil ! c'est alors la
réalité. Après s'être débattu quelque temps dans
un cahos où l'amour, la haine, la jalousie, la
frénésie de la passion, le désespoir du mécompte
se choquent et brisent l'âme, il faut s'arrêter
sur sa route, et attendre à grande peine chaque
aurore qui n'apporte plus que l'ennui du cœur
et la disgrâce des années.

Préférons ce que nous fait craindre la Ronce
à ce que nous promet la Tubéreuse.

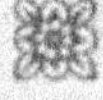

L'hyssope.

Ce petit arbuste de nos jardins est formé d'une touffe d'épis, dont les fleurs sont bleues, roses ou blanches, selon les variétés. Toute la plante est aromatique ; sa saveur est piquante, amère.

Il n'est pas certain, il est même improbable que l'hyssope de nos jardins soit celle dont Moïse, David et Salomon parlent si souvent dans les livres saints, et dont on se servait pour asperger de sang et d'eau lustrale le peuple et la victime. Toutefois, cette plante a été employée pour les aspersions d'usage dans les cérémonies de l'Eglise catholique, et l'on représente quelques saints évêques avec un bâton d'hyssope.

Comme souvenir et par respect pour les écrivains sacrés, il faut voir dans cette plante une invitation à nous corriger de nos défauts,

Hyssope. *Purification*.
Lys blanc. *Innocence, blancheur.*